北京市
气象灾害预警信号
与防御指南

北京市气象局　编

气象出版社
China Meteorological Press

U0364010

内容简介

气象灾害是北京主要的自然灾害之一。本书介绍了 16 种气象灾害的预警信号、划分标准、预报用语和防御指南。通过宣传气象灾害的预防、避险知识,有利于提高公众防灾、减灾的安全意识,提高城乡居民防御自然灾害的能力。

图书在版编目(CIP)数据

北京市气象灾害预警信号与防御指南/北京市气象局编. —北京:气象出版社,2013.7
ISBN 978-7-5029-5745-2

Ⅰ.①北…　Ⅱ.①北…　Ⅲ.①气象灾害-灾害防治-北京市　Ⅳ.①P429

中国版本图书馆 CIP 数据核字(2013)第 163802 号

Beijing Shi Qixiang Zaihai Yujing Xinhao yu Fangyu Zhinan
北京市气象灾害预警信号与防御指南
北京市气象局　编

出版发行:气象出版社			
地　　址:北京市海淀区中关村南大街 46 号		**邮政编码**:100081	
总 编 室:010-68407112		**发 行 部**:010-68406961	
网　　址:http://www.cmp.cma.gov.cn		**E - m a i l**:qxcbs@cma.gov.cn	
责任编辑:侯姗南　邵　华		**终　　审**:汪勤模	
封面设计:符　赋		**责任技编**:吴庭芳	
印　　刷:中国电影出版社印刷厂			
开　　本:889 mm×1194 mm　1/32		**印　　张**:1.75	
字　　数:80 千字			
版　　次:2013 年 7 月第 1 版		**印　　次**:2013 年 7 月第 1 次印刷	
定　　价:10.00 元			

本书如存在文字不清、漏印以及缺页、倒页、脱页等,请与本社发行部联系调换。

目　录

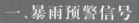

一、暴雨预警信号

暴雨预警信号分四级,分别以蓝色、黄色、橙色、红色表示。

(一)暴雨蓝色预警信号

标准:预计未来可能出现下列条件之一或实况已达到下列条件之一并可能持续:

(1)1 小时降雨量达 20 毫米以上;

(2)3 小时降雨量达 30 毫米以上;

(3)12 小时降雨量达 50 毫米以上。

预报用语:预计××(时间),××(地区)将出现(短时)大雨到暴雨。

防御指南

1.地方各级人民政府、有关部门和单位按照职责做好防暴雨准备工作,检查城市、农田以及其他重要设施的排水系统,做好排涝准备。

2.小学和幼儿园学生上学、放学应由成人带领,采取适当措施,保证学生和幼儿的安全。

3.驾驶人员应当注意道路积水和交通阻塞,确保行车安全。

4.行人尽量不要在高楼或大型广告牌下躲雨、停留,以免被坠落物砸伤。

5.应检查家中电路、燃气等设施是否安全。

(二)暴雨黄色预警信号

标准:预计未来可能出现下列条件之一或实况已达到下列条件之一并可能持续:

(1)1 小时降雨量达 30 毫米以上;

(2)6 小时降雨量达 50 毫米以上。

预报用语:预计××(时间),××(地区)将出现(短时)暴雨。

防御指南

1. 地方各级人民政府、有关部门和单位按照职责做好防暴雨工作,检查城市、农田以及其他重要设施的排水系统,及时清理排水管道,做好排涝工作。

2. 交通管理部门应根据路况,增加交通信息提示的次数,在强降雨路段采取交通管制措施,在积水路段实行交通引导。

3. 中小学、幼儿园可提前或推迟上学、放学时间,采取防护措施,确保学生、幼儿上学、放学及在校安全。

4. 驾驶人员应当及时了解交通信息和前方路况,遇到路面或立交桥下积水过深,应尽量绕行,避免强行通过。

5. 行人应避开桥下(尤其是下凹式立交桥下)、涵洞等低洼地区,不要在高楼、广告牌下躲雨或停留;在积水中行走时,要注意观察路面情况。

6. 检查电路、燃气等设施是否安全,切断低洼地带有危险的室外电源,暂停在空旷地方的户外作业,危险地带人员和危房居民应转移到安全场所避雨。

（三）暴雨橙色预警信号

标准：预计未来可能出现下列条件之一或实况已达到下列条件之一并可能持续：

（1）1 小时降雨量达 40 毫米以上；

（2）3 小时降雨量达 50 毫米以上。

预报用语：预计××（时间），××（地区）将出现（短时）大暴雨。

防御指南

1. 地方各级人民政府、有关部门和单位按照职责启动防暴雨应急工作，做好城区与郊县的河道、道路、排水管道的清淤、疏通，注意防范山区可能发生的山洪、滑坡、泥石流等灾害。

2. 交通管理部门应当根据暴雨灾害和道路情况，分片分段强化交通管控，设立交通警示标志，疏导交通堵塞。

3. 受暴雨洪涝威胁的危险地带应停课、停业、停止集会，采取专门措施保护幼儿、在校学生和上班人员的安全。

4. 驾驶人员应暂停行驶，将车停靠在地势较高处或安全位置，车内人员到高处躲避。

5. 个人应避免外出，如需出行尽量搭乘公共交通工具；山区人员要防范山洪，避免渡河，不要沿河床或山谷行走，注意防范山体滑坡、滚石、泥石流；如发现高压线塔倾倒、电线低垂或断折要远离，切勿触摸或接近。

6. 低洼地区房屋门口可放置挡水板、沙袋或设置土坎，地下设施（如地铁）的地面入口要堆好沙袋，严防雨水倒灌；有雨水漫入室内时，应立即切断电源；危旧房及山洪地质灾害易发区内人员应及时转移到安全地点。

（四）暴雨红色预警信号

标准：预计未来可能出现下列条件之一或实况已达到下列条件之一并可能持续：

（1）1 小时降雨量达 60 毫米以上；

（2）3 小时降雨量达 100 毫米以上。

预报用语：预计××（时间），××（地区）将出现（短时）特大暴雨。

防御指南

1. 地方各级人民政府、有关部门和单位按照职责及时做好城区、郊县及山区暴雨及其次生灾害的应急防御和抢险工作，面向社会滚动发布灾情、灾害风险和旅游风险信息。

2. 交通管理部门应实施高级别交通管制，确保深积水路面、塌陷地面、洪水冲毁区、高压线塔倒塌处、电杆倒折处、高压线垂地处等危险区域有明确标志和专人值守，严禁车辆及行人靠近。

3. 停止集会，停课、停业（除特殊行业外）。

4. 驾驶人员应听从交警指挥，切勿涉入积水不明路段；汽车如陷入深积水区，应迅速下车转移。

5. 个人尽量不要外出；如在野外，可选地势较高的民居暂避，尽量不要在山梁或山顶上行走，以防雷击；也不要沿山谷低洼处行走，以防山洪、滑坡、泥石流。

6. 居住在病险水库下游、山体易滑坡地带、泥石流多发区、低洼地区、有结构安全隐患房屋等危险区域人群应迅速转移到安全区域。

二、暴雪预警信号

暴雪预警信号分四级,分别以蓝色、黄色、橙色、红色表示。

(一)暴雪蓝色预警信号

标准:12 小时降雪量将达 4 毫米以上,或者已达 4 毫米且降雪可能持续,对交通及农业可能有影响。

预报用语:预计××(时间),××(地区)将出现大雪到暴雪。

防御指南

1.地方各级人民政府、有关部门和单位按照职责做好防雪灾和防冻害的准备工作。交通、电力、通信、市政等部门应当进行道路、线路巡查维护,做好道路清扫和积雪融化工作。

2.农、林、养殖业应做好作物、树木防冻害与牲畜防寒准备;对危房、大棚和临时搭建物采取加固措施,及时清除积雪。

3.有关部门视情况调节居民供暖,燃煤取暖用户注意防范一氧化碳中毒。

4.尽量减少驾车出行;外出应注意路况,听从指挥,慢速驾驶。

5.人员外出应少骑自行车,采取保暖防滑措施;老、弱、病、幼尽量减少出行,外出应有人陪护。

(二)暴雪黄色预警信号

标准: 12 小时降雪量将达 6 毫米以上,或者已达 6 毫米且降雪可能持续。

预报用语: 预计××(时间),××(地区)将出现暴雪。

防御指南

1. 地方各级人民政府、有关部门和单位按照职责落实防雪灾和防冻害措施,交通、电力、通信、市政等部门及时进行道路、铁路、线路巡查维护,及时清扫道路和融化积雪。

2. 农、林、养殖业应做好作物、树木防冻害与牲畜防寒、防雪灾工作;对危房、大棚和临时搭建物及大树、古树采取加固措施,及时清除棚顶及树上积雪。

3. 有关部门视情况调节居民供暖,燃煤取暖用户注意防范一氧化碳中毒。

4. 减少驾车出行,外出时可给轮胎适当放气,注意路况、保持车距、减速慢行。

5. 人员外出要少骑或不骑自行车,出行不穿硬底、光滑底的鞋;老、弱、病、幼减少出行,外出时必须有人陪护。

6. 尽量不要待在危房中,避免屋塌伤人。

标准:6 小时降雪量将达 10 毫米以上,或者已达 10 毫米且降雪可能持续。

预报用语:预计××(时间),××(地区)将出现大暴雪。

防御指南

1.地方各级人民政府、有关部门和单位按照职责做好防雪灾和防冻害的应急工作,交通、电力、通信、市政等部门随时进行道路、铁路、线路巡查维护,随时清扫道路和融化积雪,做好生活必需品调度供应工作。

2.农、林、养殖业做好冻害与雪灾的防御、减缓与救援;及时加固各类易被大雪压垮的大棚、树木、设施与建筑物等,及时清除棚顶及树上积雪。

3.有关部门视情况调节居民供暖,燃煤取暖用户注意防范一氧化碳中毒。

4.必要时中小学、幼儿园可错峰上学、放学,企事业单位错峰上、下班。

5.不建议驾车出行,必须外出时可给轮胎适当放气,注意防滑,遇坡道或转弯时提前减速,缓慢通过,慎用刹车装置。

6.人员外出最好选择步行或乘公共交通工具;行走时应避开广告牌、临时搭建物和大树;老、弱、病、幼人群不宜外出;野外出行应戴黑色太阳镜。

7.尽量不要待在危房以及结构不安全的房子中,避免屋塌伤人;雪后化冻时,房檐如果结有长而大的冰凌应及早打掉,以免坠落砸人。

(四)暴雪红色预警信号

标准: 6小时降雪量将达15毫米以上,或者已达15毫米且降雪可能持续。

预报用语: 预计××(时间),××(地区)将出现特大暴雪。

防御指南

1.地方各级人民政府、有关部门和单位按照职责做好防雪灾和防冻害的应急和抢险工作,职能部门及公共服务、事业单位全面启动减灾、抗灾、救灾工作预案。

2.有关部门视情况调节居民供暖,燃煤取暖用户注意防范一氧化碳中毒。

3.必要时停课、停业(除特殊行业外)、停止集会,飞机暂停起降,火车暂停营运,高速公路暂时封闭。

4.尽量不要驾车出行,必须出行时应减速慢行,避免急刹车;雪地行车时,可给轮胎适当放气或安装防滑链。

5.人员尽量不外出,必须外出时尽量步行或乘公共交通工具;老、弱、病、幼人群尽量不要外出;野外出行应戴防护眼镜;被风雪围困时应及时拨打求救电话。

6.危旧房屋内的人员要迅速撤出;行人尽量远离大树、广告牌和临时搭建物,避免砸伤;路过桥下、屋檐等处时,要小心观察或绕道通过,以免因冰凌融化脱落伤人。

三、寒潮预警信号

寒潮预警信号分四级,分别以蓝色、黄色、橙色、红色表示。

(一)寒潮蓝色预警信号

标准:48 小时最低气温将要下降 8℃以上,最低气温小于等于 4℃,陆地平均风力可达 5 级以上;或者已经下降 8℃以上,最低气温小于等于 4℃,平均风力达 5 级以上,并可能持续。

预报用语:预计××(时间),××地区将出现寒潮天气,最低气温下降 8℃以上,平均风力可达 5 级以上。

防御指南

1.地方各级人民政府、有关部门和单位按照职责做好防寒潮准备工作。

2.农、林、养殖业做好作物、树木与牲畜防冻害准备;设施农业生产企业和农户注意温室内温度调控并及时加固,防止蔬菜和花卉等经济作物遭受冻害。

3.有关部门视情况调节居民供暖,燃煤取暖用户注意防范一氧化碳中毒。

4.注意防风,关好门窗,加固室外搭建物。

5.老弱病人,特别是心血管病人、哮喘病人等对气温变化敏感的人群应减少外出。

6.个人应注意添衣保暖,做好对大风降温天气的防御准备;出行时,注意戴上帽子、围巾和手套。

（二）寒潮黄色预警信号

标准：24 小时最低气温将要下降 10℃ 以上，最低气温小于等于 4℃，陆地平均风力可达 6 级以上；或者已经下降 10℃ 以上，最低气温小于等于 4℃，平均风力达 6 级以上，并可能持续。

预报用语：预计××（时间），××地区将出现强寒潮天气，最低气温下降 10℃ 以上，平均风力可达 6 级以上。

防御指南

1. 地方各级人民政府、有关部门和单位按照职责做好防寒潮工作，增强防火安全意识。

2. 农、林、养殖业做好作物、树木与牲畜防冻害工作；设施农业生产企业和农户加强温室内温度调控并及时加固，防止作物遭受冻害。

3. 有关部门视情况调节居民供暖，燃煤取暖用户注意防范一氧化碳中毒。

4. 大风天气应及时加固围板、棚架、广告牌等易被大风吹动的搭建物，妥善安置易受大风影响的室外物品；停止高空作业及室外高空游乐项目。

5. 老、弱、病、幼，特别是心血管病人、哮喘病人等对气温变化敏感的人群尽量不要外出。

6. 个人外出注意防寒，尽量远离施工工地，不应在高大建筑物、广告牌或大树下方停留。

标准：24 小时最低气温将要下降 12℃以上，最低气温小于等于 0℃，陆地平均风力可达 6 级以上；或者已经下降 12℃以上，最低气温小于等于 0℃，平均风力达 6 级以上，并可能持续。

预报用语：预计××（时间），××地区将出现特强寒潮天气，最低气温下降 12℃以上，平均风力可达 6 级以上。

防御指南

1. 地方各级人民政府、有关部门和单位按照职责做好防寒潮的应急工作，排查火灾隐患，防止发生火灾事故。

2. 农、林、养殖业注意防范有可能发生的冰冻现象，强化对大棚、温室、畜舍的防风保温管理，对作物、树木、牲畜等采取有效的防冻措施。

3. 有关部门视情况调节居民供暖，燃煤取暖用户注意防范一氧化碳中毒。

4. 大风天气应及时加固围板、棚架、广告牌等易被大风吹动的搭建物，停止高空作业及室外高空娱乐项目。

5. 老弱病人，特别是心血管病人、哮喘病人等对气温变化敏感的人群避免外出。

6. 个人减少出行，外出时应采取防寒、防风措施，远离施工工地；驾驶人员应注意路况，慢速行驶，不在高大建筑物、广告牌或大树下方停留或停车。

(四)寒潮红色预警信号

标准:24 小时最低气温将要下降 16℃以上,最低气温小于等于 0℃,陆地平均风力可达 6 级以上;或者已经下降 16℃以上,最低气温小于等于 0℃,平均风力达 6 级以上,并可能持续。

预报用语:预计××(时间),××地区将出现极强寒潮天气,最低气温下降 16℃以上,平均风力可达 6 级以上。

防御指南

1.地方各级人民政府、有关部门和单位按照职责做好防寒潮的应急和抢险工作,加强交通安全、防风、防火工作,避免火借风势,造成重大损失与伤亡。

2.农、林、养殖业积极采取防霜冻、冰冻等防寒措施,全面强化对作物、树木、牲畜以及大棚、温室、畜舍的防冻害管理。

3.有关部门视情况调节居民供暖,燃煤取暖用户注意防范一氧化碳中毒。

4.大风天气应及时加固围板、棚架、广告牌等易被大风吹动的搭建物,停止高空作业及室外高空娱乐项目。

5.幼儿园、中小学应采取防风、防寒措施;老、弱、病、幼人群切勿在大风天外出,特别注意对心血管病人、哮喘病人的护理。

6.个人应采取防寒、防风措施,严防感冒和冻伤;外出时远离施工工地;驾驶人员应注意路况,慢速行驶,不在高大建筑物、广告牌或大树下方停留或停车。

四、大风预警信号

大风预警信号分四级,分别以蓝色、黄色、橙色、红色表示。

(一)大风蓝色预警信号

标准: 24 小时可能受大风影响,平均风力可达 6 级以上,或者阵风 7 级以上;或者已经受大风影响,平均风力为 6～7 级,或者阵风 7～8 级并可能持续。

预报用语: 预计××(时间),××(地区)将出现 6 级以上大风,阵风 7 级以上。

防御指南

1. 地方各级人民政府、有关部门和单位按照职责做好防大风准备工作,密切关注森林、草场和城区防火,机场、铁路和交通管理部门应采取措施保障交通安全。

2. 停止高空和动火作业,停止水上、户外作业和游乐活动。

3. 加固围板、棚架、广告牌等易被大风吹动的搭建物,妥善安置易受大风损坏的室外物品;检查大棚薄膜,修补漏洞,暂停农田灌溉。

4. 个人尽量少骑自行车;在施工工地附近行走时,应尽量远离工地并快速通过;行人与车辆驾驶人员尽量不在高大建筑物、广告牌、临时搭建物或大树的下方停留或停车。

5. 街道、社区、村庄和家庭应加强防火意识,适时采取有效措施,消除火灾隐患。

(二)大风黄色预警信号

标准：12 小时可能受大风影响，平均风力可达 8 级以上，或者阵风 9 级以上；或者已经受大风影响，平均风力为 8～9 级，或者阵风 9～10 级并可能持续。

预报用语：预计××(时间)，××(地区)将出现 8 级以上大风，阵风 9 级以上。

防御指南

1. 地方各级人民政府、有关部门和单位按照职责做好防大风工作，做好森林、草场和城区防火，机场、铁路和交通管理部门应采取适度交通管制，保障交通安全。

2. 停止高空和动火作业，停止水上、户外作业和游乐活动；停止露天集会，并疏散人员。

3. 切断户外危险电源，加固围板、棚架、广告牌等易被大风吹动的搭建物，妥善安置易受大风影响的室外物品。

4. 驾车尽量减速慢行，尽量不要在高楼、大树等下方停车。

5. 外出时尽量避免骑自行车，避免在高大建筑物、广告牌、临时搭建物或大树下方停留。

14

（三）大风橙色预警信号

标准：6小时可能受大风影响，平均风力可达 10 级以上，或者阵风 11 级以上；或者已经受大风影响，平均风力为 10～11 级，或者阵风 11～12 级并可能持续。

预报用语：预计××（时间），××（地区）将出现 10 级以上大风，阵风 11 级以上。

防御指南

1.地方各级人民政府、有关部门和单位按照职责启动防大风应急工作，做好森林、草场和城区等的防火工作，机场、铁路和交通管理部门应采取交通管制措施，保障交通安全。

2.停止高空和动火作业，停止水上、户外作业和一切露天集体活动，房屋抗风能力较弱的中小学校和单位应当停课、停业。

3.切断户外危险电源，加固围板、棚架、广告牌等易被大风吹动的搭建物，妥善安置易受大风影响的室外物品，疏散、转移危险地带和危房中的居民。

4.驾车尽量减速慢行，转弯时要小心控制车速，防止侧翻，不要停在高楼、大树等下方。

5.人员减少外出，老人和小孩尽量不要外出；外出人员尽量不要在高大建筑物、广告牌、临时搭建物或大树下方停留。

（四）大风红色预警信号

标准：6 小时可能受大风影响，平均风力可达 12 级以上，或者阵风 13 级以上；或者已经受大风影响，平均风力为 12 级以上，或者阵风 13 级以上并可能持续。

预报用语：预计××（时间），××（地区）将出现 12 级以上大风，阵风 13 级以上。

防御指南

1.地方各级人民政府、有关部门和单位按照职责做好防大风应急和抢险工作，做好全市防火工作，机场、铁路和交通管理部门应立即实施交通管制。

2.停止一切露天活动，中小学校和有关单位针对强风时段适时停课、停业，躲避风灾。

3.切断户外危险电源，立即疏散、转移危险地带和危房中的居民。

4.驾驶人员立刻将车辆停靠在安全地带，并到安全场所避风。

5.室内人员应关好门窗，并在窗玻璃上贴上"米"字形胶条，防止玻璃破碎，并远离窗口，以免强风席卷沙石击破玻璃伤人；户外人员及时到安全场所躲避。

五、沙尘（暴）预警信号

沙尘（暴）预警信号分四级，分别以蓝色、黄色、橙色、红色表示。

（一）沙尘蓝色预警信号

标准：12 小时可能出现扬沙或浮尘天气，或者已经出现扬沙或浮尘天气并可能持续。

预报用语：预计××（时间），××（地区）将出现扬沙或浮尘天气。

防御指南

1. 地方各级人民政府、有关部门和单位按照职责做好防沙尘工作。

2. 暂停露天集会和室外体育活动。

3. 关好门窗，加固围板、棚架、广告牌等易被风吹动的搭建物，妥善安置易受大风影响的室外物品，遮盖建筑物资。

4. 尽量减少外出，老人、儿童及患有呼吸道过敏性疾病的人群不要到室外活动；人员外出时可佩戴口罩、纱巾等防尘用品，外出归来应清洗面部和鼻腔。

(二)沙尘暴黄色预警信号

标准:12 小时可能出现沙尘暴天气,能见度小于 1000 米;或者已经出现沙尘暴天气并可能持续。

预报用语:预计××(时间),××(地区)将出现沙尘暴天气,能见度小于 1000 米。

防御指南

1.地方各级人民政府、有关部门和单位按照职责做好防沙尘暴工作。

2.停止露天集会和室外体育活动。

3.关好门窗,加固围板、棚架、广告牌等易被风吹动的搭建物,妥善安置易受大风影响的室外物品,遮盖建筑物资,做好精密仪器的密封工作。

4.驾驶人员要密切关注路况,减速慢行。

5.减少外出,老人、儿童及患有呼吸道过敏性疾病的人不宜出门;必须外出时,应佩戴口罩、纱巾等防尘用品,外出归来尽快清洗面部和鼻腔。

标准：6 小时可能出现强沙尘暴天气，能见度小于 500 米；或者已经出现强沙尘暴天气并可能持续。

预报用语：预计××（时间），××（地区）将出现强沙尘暴天气，能见度小于 500 米。

防御指南

1.地方各级人民政府、有关部门和单位按照职责启动防沙尘暴应急工作，交通、卫生等部门和单位应立即采取措施，保障交通和卫生安全，民航机场和高速公路应根据能见度变化，适时关闭，有关部门和单位注意关注森林、草场和城区的防火工作。

2.停止露天集会、体育活动以及高空、水上等户外生产作业和游乐活动。

3.立即关闭门窗，必要时可用胶条对门窗进行密封；加固易被风吹动的搭建物，安置和遮盖好易受大风影响的室外物品，密封好精密仪器。

4.驾驶人员要密切关注路况，谨慎驾驶，减速慢行。

5.避免外出，加强对老人、儿童及患有呼吸道疾病的人的护理；户外人员应当戴好口罩、纱巾等防沙尘用品；外出归来，应尽快清洗鼻、嘴、眼、耳中的沙尘及有害物质。

(四)沙尘暴红色预警信号

标准：6小时可能出现特强沙尘暴天气，能见度小于50米；或者已经出现特强沙尘暴天气并可能持续。

预报用语：预计××(时间)，××(地区)将出现特强沙尘暴天气，能见度小于50米。

防御指南

1.地方各级人民政府、有关部门和单位按照职责做好防沙尘暴应急和抢险工作，交通、卫生等部门和单位应立即采取相应的交通管控和卫生安全的行动，有关部门和单位做好森林、草场和城区防火工作。

2.停止户外作业和露天活动；学校、幼儿园推迟上学、放学，必要时停课。

3.飞机暂停起降，火车暂停营运，高速公路暂时封闭。

4.驾车尽量减速慢行，能见度很差时应停靠在路边安全地带。

5.紧闭或密封门窗，不要外出；对老人、儿童及心血管病人、呼吸道病人实施特别护理；必须出行时，用纱巾、风镜和口罩保护鼻、眼、口，要注意交通安全和人身安全。

6.出行归来后，应尽快漱口刷牙，用清水洗眼，用蘸酒精的棉签洗耳，用浓度约0.9%的盐水冲洗鼻腔，将鼻、嘴、眼、耳中的各类有害物质清洗干净。

六、高温预警信号

高温预警信号分四级,分别以蓝色、黄色、橙色、红色表示。

(一)高温蓝色预警信号

标准:连续两天日最高气温将在 35℃以上。

预报用语:预计××(时间),××(地区)日最高气温将连续两天达 35℃以上。

防御指南

1.地方各级人民政府、有关部门和单位按照职责做好防暑降温准备工作,市政、水务、电力等部门和单位注意采取适当应对措施。

2.高温环境下长时间进行户外露天作业的人员应采取必要的防护措施。

3.高温时段尽量减少户外活动;必须外出时,应在出行前做好防晒准备,备好遮阳物和防暑药品、饮用水。

4.对老、弱、病、幼人群提供防暑降温指导;注意饮食卫生和适当休息,不宜长时间吹空调,浑身大汗时不宜冲凉水澡。

(二)高温黄色预警信号

标准：连续三天日最高气温将在35℃以上。

预报用语：预计××(时间)，××(地区)日最高气温将连续三天达35℃以上。

防御指南

1.地方各级人民政府、有关部门和单位按照职责做好防暑降温工作，市政、水务、建筑、卫生、电力等部门和单位应及时采取有效的应对措施。

2.高温环境下长时间进行露天作业的人员应当采取必要的防暑降温措施，备好清凉饮料和中暑急救药品。

3.对汽车进行合理养护，开车注意交通安全，避免疲劳驾驶。

4.有老、弱、病、幼的家庭应备好常用的防暑降温药品，并提供防暑降温指导及一定的照料。

5.高温时段应减少户外活动；必须出行时，应准备好防晒用具，在户外要打遮阳伞，戴遮阳帽和太阳镜，涂抹防晒霜，避免强光晒伤皮肤。

6.持续高温天气容易使人疲倦、烦躁和发怒，应注意调节情绪，保证充分休息。

标准: 24 小时最高气温将升至 37℃以上。

预报用语: 预计××(时间),××(地区)日最高气温将达 37℃以上。

防御指南

1.地方各级人民政府、有关部门和单位按照职责落实防暑降温保障措施,市政、公安、建筑、电力、卫生等部门和单位应立即采取措施,保障生产、消防、卫生安全和城市供水、供电。

2.高温时段避免剧烈运动和高强度作业,高温条件下作业的人员应当缩短连续工作时间,必要时停止生产作业。

3.驾驶人员要保证睡眠充足,避免疲劳驾驶;车内勿放易燃物品,开车前应检查车况,严防车辆自燃。

4.注意对老、弱、病、幼,特别是高血压、心肺疾病患者的照料护理,如有胸闷、气短等症状应及时就医。

5.避免长时间户外活动,合理安排外出活动时间,避开中午和午后,外出采取有效的遮阳防晒措施。

6.高温高湿条件下人易疲倦,要合理调整作息时间,中午适当休息,保持良好心态。

六 高温预警信号

(四)高温红色预警信号

标准:24小时最高气温将升至40℃以上。

预报用语:预计××(时间),××(地区)日最高气温将达40℃以上。

防御指南

1.地方各级人民政府、有关部门和单位按照职责启动和实施防暑降温应急措施,密切关注保障整个城市安全运行的各项工作。

2.供电部门防范用电量过高及电线变压器等电力负载过大而引发的事故,消防部门加大值班警力投入,有关部门和单位都要特别注意防火。

3.高温时段停止户外露天作业(除特殊行业外)和户外活动,中小学、幼儿园在高温时段停课休息。

4.驾驶人员要保证睡眠充足,避免疲劳驾驶;车内勿放易燃物品,开车前应检查车况、水箱和电路,严防车辆自燃。

5.加强对老、弱、病、幼,特别是高血压、心肺疾病患者的照料护理,如有胸闷、气短等症状应及时就医。

6.高温时段不进行户外活动,出行避开中午和午后,外出采取有效的遮阳防晒措施。

7.高温时期应备好防暑降温药品,多饮用凉白开、冷盐水等防暑饮品;室内空调的温度不宜过低,节约用水用电。

七、干旱预警信号

干旱预警信号分二级，分别以橙色、红色表示。干旱指标等级划分，以国家标准《气象干旱等级》(GB/T 20481－2006)中的综合气象干旱指数为标准。

(一)干旱橙色预警信号

标准：预计未来一周综合气象干旱指数达到重旱(气象干旱为25～50年一遇)，或者某一县(区)有40％以上的农作物受旱。

预报用语：预计××(时间)，××(地区)气象干旱等级将达重旱。

防御指南

1.地方各级人民政府、有关部门和单位按照职责启动和做好防御干旱的应急工作，保持电力系统正常运行，启用抗旱措施。

2.有关部门启用应急备用水源，调度辖区内一切可用水源，优先保障城乡居民生活用水和牲畜饮水。

3.气象部门适时进行人工增雨作业。

4.压减城镇和工业供水指标，限制非生产性高耗水及服务业用水(如洗车)，限制排放工业污水。

5.优先保证保护地、经济作物与高产地块的灌溉用水，限制粗放型、高耗水作物的灌溉用水，鼓励利用滴灌和喷洒的技术抗旱。

6.家庭和个人注意节约用水。

(二)干旱红色预警信号

标准:预计未来一周综合气象干旱指数达到特旱(气象干旱为50年以上一遇),或者某一县(区)有60％以上的农作物受旱。

预报用语:预计××(时间),××(地区)气象干旱等级将达特旱。

防御指南

1.地方各级人民政府、有关部门和单位按照职责做好防御干旱的应急和救灾工作,确保供电安全,实施综合性抗旱措施。

2.各级政府和有关部门启动远距离调水等应急供水方案,采取提外水、打井、车载送水等多种手段,确保城乡居民基本生活用水和牲畜饮水。

3.气象部门适时加大人工增雨作业力度。

4.加强水资源调节力度,控制小水电站发电用水,加强雨水收集和再生水的开发利用。

5.缩小或者阶段性停止农业灌溉供水,并做好灾后补救。

6.严禁非生产性高耗水及服务业用水,停止排放工业污水。

7.家庭和个人应特别注意节约用水。

八、雷电预警信号

雷电预警信号分三级,分别以黄色、橙色、红色表示。

(一)雷电黄色预警信号

标准:6小时内可能发生雷电活动(并伴有短时大风),有可能出现雷电灾害事故。

预报用语:预计××(时间),××(地区)可能发生雷电活动(并伴有短时大风),可能会造成雷电灾害事故。

防御指南

1.地方各级人民政府、有关部门和单位按照职责做好防雷工作,组织检查存在雷击隐患的单位或部门。

2.公园、游乐场等露天场所停止户外设施运行,并疏导游人到安全场所。

3.应停止登山、游泳、钓鱼等户外活动(运动),及时躲避到有防雷装置的建筑物内。

标准：2小时内可能发生雷电活动并伴有6级以上短时大风；或者已经有雷电及6级以上短时大风发生，并可能持续，出现雷电和大风灾害事故的可能性很大。

预报用语：预计××（时间），××（地区）可能发生雷电活动并伴有6级以上短时大风，出现雷电和大风灾害事故的可能性很大。

防御指南

1.地方各级人民政府、有关部门和单位按照职责落实防雷应急措施。

2.公园、游乐场等露天场所停止户外设施运行，并疏导游人到安全场所。

3.停止户外活动或作业，及时躲避到有防雷装置的建筑物内。

4.不要在大树下避雨，远离高塔、烟囱、电线杆、广告牌等高耸物；不要停留在山顶、山脊、楼顶、水边或空旷地带；不宜使用手机。

5.在空旷场地不要打伞，不要把农具、羽毛球拍、高尔夫球杆等带金属的物体扛在肩上，应在地势较低处下蹲，降低身体高度。

6.室内人员应关好门窗并与之保持安全距离，不要触碰水管、燃气、暖气等金属管道，切勿洗澡，避免使用固定电话、电脑、电视等电器设备。

（三）雷电红色预警信号

标准：2小时内可能发生雷电活动并伴有8级以上短时大风；或者已经有强烈雷电及8级以上短时大风发生，并可能持续，出现雷电和大风灾害事故的可能性非常大。

预报用语：预计××（时间），××（地区）可能发生雷电活动并伴有8级以上短时大风，出现雷电和大风灾害事故的可能性非常大。

防御指南

1.地方各级人民政府、有关部门和单位按照职责做好防雷应急抢险工作。

2.公园、游乐场等露天场所应停止户外设施运行，并疏导游人到安全场所。

3.停止所有户外活动，及时躲避到有防雷装置的建筑物内。

4.不要在大树下避雨，远离高塔、烟囱、电线杆、广告牌等高耸物；不要停留在山顶、山脊、楼顶、水边或空旷地带；不宜使用手机；切勿接触天线、水管、铁丝网、金属门窗、建筑物外墙，远离电线等带电设备和其他类似的金属装置。

5.在空旷场地不要打伞，不要把农具、羽毛球拍、高尔夫球杆等带金属的物体扛在肩上，应在地势较低处下蹲，降低身体高度。

6.室内人员应关好门窗并与之保持安全距离，不要触碰水管、燃气、暖气等金属管道，切勿洗澡，避免使用固定电话、电脑、电视等电器设备。

7.对被雷击中人员，应立即采用心肺复苏法抢救，同时将病人迅速送往医院；发生雷击火灾应立刻切断电源，并迅速拨打报警电话，不要在未断电时泼水救火。

九、冰雹预警信号

冰雹预警信号分三级,分别以黄色、橙色、红色表示。

(一)冰雹黄色预警信号

标准:6小时内可能或已经在部分地区出现分散的冰雹,可能造成一定的损失。

预报用语:预计××(时间),××(地区)将出现分散冰雹,可能造成一定的损失。

防御指南

1.地方各级人民政府、有关部门和单位按照职责做好冰雹防御应对工作;气象部门启动人工防雹作业准备并择机进行作业。

2.加强农作物和温室、畜舍的防护措施;妥善保护易受冰雹袭击的汽车等室外物品或者设备。

3.人员不要随意外出,户外行人到安全的地方暂避,不要待在室外或空旷的地方;户外行车应尽快停靠在可躲避处。

4.注意防御冰雹天气伴随的雷电灾害。

标准： 6小时内可能出现冰雹天气，并可能造成雹灾。

预报用语： 预计××（时间），××（地区）将出现冰雹天气，并可能造成雹灾。

防御指南

1.地方各级人民政府、有关部门和单位按照职责做好防冰雹的应急工作；气象部门做好人工防雹作业准备并择机进行作业。

2.户外作业人员应暂时停工，到室内暂避；小学、幼儿园暂停户外活动，确保学生、幼儿上学、放学及在校安全。

3.妥善保护易受冰雹袭击的室外物品或设备，将汽车停放在车库等安全位置；对温室、畜舍等采取加固措施。

4.人员避免外出，保证老人、小孩待在家中；户外行人到安全的地方暂避。

5.雷电常伴随冰雹同时发生，户外人员不要进入孤立的建筑物，不要在高楼、烟囱、电线杆或大树下停留，应到坚固又防雷处躲避。

（三）冰雹红色预警信号

标准：2小时内出现冰雹可能性极大，并可能造成重雹灾。

预报用语：预计××（时间），××（地区）将出现冰雹天气，并可能造成重雹灾。

防御指南

1.地方各级人民政府、有关部门和单位按照职责做好防冰雹的应急和抢险工作，气象部门适时开展人工防雹作业。

2.停止所有户外活动，疏导人员到安全场所；中小学、幼儿园采取防护措施，确保学生、幼儿上学、放学及在校安全。

3.行车途中如遇降雹，应在安全处停车，坐在车内静候降雹停止。

4.人员切勿外出，确保老人、小孩待在家中；户外行人立即到安全的地方躲避。

5.紧闭室内门窗，保护并安置好易受冰雹、雷电、大风影响的室外物品；车辆停放在车库等安全位置；及时驱赶畜禽入舍，加固温室和畜舍。

6.雷电常伴随冰雹同时发生，户外人员不要进入孤立的建筑物，不要在高楼、烟囱、电线杆或大树下停留，应到坚固又防雷处躲避。

十、霜冻预警信号

霜冻预警信号分三级,分别以蓝色、黄色、橙色表示。

(一)霜冻蓝色预警信号

标准:48 小时地面最低温度将要下降到 0℃ 以下,对农业将产生影响,或者已经降到 0℃ 以下,对农业已经产生影响,并可能持续。

预报用语:预计××(时间),××(地区)地面最低温度将下降到 0℃ 以下,对农业将产生影响。

防御指南

1.政府及农林主管部门按照职责做好防霜冻准备工作。

2.农业部门及有关单位应及时组织群众防霜冻,避免和减少损失。

3.对粮食作物、蔬菜、花卉、瓜果、林业育种应采取覆盖、灌溉等防护措施,加强对瓜菜苗床的保护。

4.农村基层组织和农户应关注当地霜冻预警信息,以便采用有针对性的防霜冻措施,避免冻害损失。

(二)霜冻黄色预警信号

标准:24 小时地面最低温度将要下降到零下 3℃ 以下,对农业将产生严重影响,或者已经降到零下 3℃ 以下,对农业已经产生严重影响,并可能持续。

预报用语:预计××(时间),××(地区)地面最低温度将下降到零下 3℃ 以下,对农业将产生严重影响。

防御指南

1.政府及农林主管部门按照职责做好防霜冻应急工作。

2.农业部门及有关单位应抓住最佳时段,发动农村基层组织防霜冻抗灾,避免和减少损失。

3.蔬菜育苗温室和大棚夜间应覆盖草帘;菜苗、瓜苗的移栽和喜温作物的春播应推迟到霜冻结束后进行。

4.农村基层组织和农户要适时对蔬菜、花卉、瓜果等经济作物采取增温、覆盖、熏烟、喷雾、喷洒防冻液等措施,减轻冻害。

标准:24 小时地面最低温度将要下降到零下 5℃以下,对农业将产生严重影响,或者已经降到零下 5℃以下,对农业已经产生严重影响,并将持续。

预报用语:预计××(时间),××(地区)地面最低温度将下降到零下 5℃以下,对农业将产生严重影响。

防御指南

1.政府及农林主管部门按照职责做好防霜冻应急工作。

2.农业部门及有关单位要抓紧时间,组织防霜冻抗灾,避免和减少损失。

3.对农作物及时采取覆盖、熏烟、灌溉等防冻措施,以避免和减少损失。夜间要严密覆盖瓜菜育苗温室大棚,早晨推迟揭帘。

4.农村基层组织和农户要因地制宜地及时对蔬菜、花卉、瓜果等经济作物和大田作物采取灌溉、喷施抗寒制剂、人工烟熏、覆盖地膜等措施。

5.对春霜冻受害作物,要根据受冻程度分别采取加强水肥管理、补种补栽、毁种改种等补救措施;对秋霜冻受害作物,及时收获可利用部分,及时处理不可利用部分。

十一、大雾预警信号

大雾预警信号分三级,分别以黄色、橙色、红色表示。

(一)大雾黄色预警信号

标准:12小时可能出现浓雾天气,能见度小于500米;或者已经出现能见度小于500米、大于等于200米的雾并可能持续。

预报用语:预计××(时间),××(地区)将出现浓雾,能见度小于500米。

防御指南

1.地方各级人民政府、有关部门和单位按照职责做好防雾准备工作。

2.机场、高速公路及城市交通管理部门应采取管控措施,保障交通安全。

3.出行前应关注交通信息,驾驶人员注意雾的变化,小心驾驶。

4.雾天空气质量较差,不宜晨练,应尽量减少户外活动,出门最好戴上口罩,老人、儿童和心肺病人不宜外出。

5.外出回来后,及时清洗面部及裸露的皮肤。

标准：6 小时可能出现浓雾天气，能见度小于 200 米；或者已经出现能见度小于 200 米、大于等于 50 米的雾并可能持续。

预报用语：预计××（时间），××（地区）将出现浓雾，能见度小于 200 米。

防御指南

1.有关部门和单位按照职责做好防大雾工作。

2.机场、高速公路及城市交通管理部门加强交通调度指挥。

3.机场和高速公路可能因大雾停航或封闭，出行前应查清路况、航班信息，调整出行计划。

4.驾驶人员应及时开启雾灯，减速慢行，保持车距。

5.大雾天空气质量差，应减少户外活动，暂停晨练，外出应戴上口罩，老人、儿童和心肺病人不要外出，中小学停止户外体育课。

6.外出回来后，立即清洗面部及裸露的皮肤。

（三）大雾红色预警信号

标准：2 小时可能出现强浓雾天气，能见度小于 50 米；或者已经出现能见度小于 50 米的雾并可能持续。

预报用语：预计××（时间），××（地区）将出现强浓雾，能见度小于 50 米。

防御指南

1.有关部门和单位按照职责做好防大雾应急工作。

2.机场、高速公路及城市交通管理部门应按照行业规定适时采取交通安全管制措施，并及时发布飞机停飞、公路封闭信息。

3.减少开车外出；必须驾车时，驾驶人员应开启雾灯和双闪，减速慢行，与前车保持足够的制动距离。

4.大雾天空气质量很差，不要进行户外活动，外出时戴上口罩，老人、儿童和心肺病人不要外出，中小学停止户外体育课。

5.外出回来后，第一时间清洗面部及裸露的皮肤。

十二、霾预警信号

霾预警信号分三级,以黄色、橙色和红色表示。

(一)霾黄色预警信号

标准:预计未来 24 小时内可能出现下列条件之一或实况已达到下列条件之一并可能持续:

(1)能见度小于 3000 米且相对湿度小于 80％的霾;

(2)能见度小于 3000 米且相对湿度大于等于 80％,$PM_{2.5}$浓度大于 115 微克/米^{3}且小于等于 150 微克/米^3;

(3)能见度小于 5000 米,$PM_{2.5}$浓度大于 150 微克/米^{3}且小于等于 250 微克/米^3。

预报用语:预计××(时间),××(地区)将出现中度霾,易形成中度空气污染。

防御指南

1.地方各级人民政府、有关部门和单位按照职责做好防霾准备工作。

2.排污单位采取措施,控制会产生污染物的生产环节,减少污染物排放。

3.幼儿园与学校停止户外体育课。

4.减少户外活动和室外作业时间,避免晨练;缩短开窗通风时间,尤其避免早、晚开窗通风;老人、儿童及患有呼吸系统疾病的易感人群应留在室内,停止户外运动。

5.外出时最好戴口罩,尽量乘坐公共交通工具出行,减少小汽车上路行驶;外出归来,应清洗面部、鼻腔及裸露的皮肤。

（二）霾橙色预警信号

标准: 预计未来 24 小时内可能出现下列条件之一或实况已达到下列条件之一并可能持续:

（1）能见度小于 2000 米且相对湿度小于 80% 的霾;

（2）能见度小于 2000 米且相对湿度大于等于 80%,$PM_{2.5}$ 浓度大于 150 微克/米^3 且小于等于 250 微克/米^3;

（3）能见度小于 5000 米,$PM_{2.5}$ 浓度大于 250 微克/米^3 且小于等于 500 微克/米^3。

预报用语: 预计××（时间）,××（地区）将出现重度霾,易形成重度空气污染。

防御指南

1. 地方各级人民政府、有关部门和单位按照职责做好防霾工作。

2. 排污单位采取措施,控制会产生污染物的生产环节,减少污染物排放。

3. 停止室外体育赛事;幼儿园和中小学停止户外活动。

4. 避免户外活动,关闭房屋门窗,等到预警解除后再开窗换气;老人、儿童及患有呼吸系统疾病的易感人群应留在室内。

5. 尽量少用空调,降低能源消耗;驾驶人员停车时及时熄火,减少车辆原地怠速运行。

6. 外出时戴上口罩,尽量乘坐公共交通工具出行,减少小汽车上路行驶;外出归来,及时清洗面部、鼻腔及裸露的皮肤。

(三)霾红色预警信号

标准:预计未来 24 小时内可能出现下列条件之一或实况已达到下列条件之一并可能持续:

(1)能见度小于 1000 米且相对湿度小于 80% 的霾;

(2)能见度小于 1000 米且相对湿度大于等于 80%,$PM_{2.5}$ 浓度大于 250 微克/米^3 且小于等于 500 微克/米^3;

(3)能见度小于 5000 米,$PM_{2.5}$ 浓度大于 500 微克/米^3。

预报用语:预计××(时间),××(地区)将出现严重霾,易形成严重空气污染。

防御指南

1.地方各级人民政府、有关部门和单位按照职责做好防霾应急工作。

2.排污单位采取措施,控制会产生污染物的生产环节,减少污染物排放。

3.停止室外体育赛事;幼儿园和中小学停止户外活动。

4.停止户外活动,关闭房屋门窗,等到预警解除后再开窗换气;老人、儿童及患有呼吸系统疾病的易感人群留在室内。

5.少用空调以降低能源消耗;驾驶人员减少机动车日间加油,停车时及时熄火,减少车辆原地怠速运行。

6.外出时戴上口罩,尽量乘坐公共交通工具出行,减少小汽车上路行驶;外出归来,立即清洗面部、鼻腔及裸露的皮肤。

十三、道路结冰预警信号

道路结冰预警信号分三级,分别以黄色、橙色、红色表示。

(一)道路结冰黄色预警信号

标准:当路表温度低于 0℃,出现雨雪,24 小时内可能出现道路结冰,对交通有影响。

预报用语:预计××(时间),××(地区)将出现雨(雪),易形成道路结冰,对交通有影响。

防御指南

1. 交通、公安等部门按照职责做好应对道路结冰的准备工作。

2. 驾驶人员应注意路况,减速慢行。

3. 人员外出尽量乘坐公共交通工具,少骑自行车或电动车,注意远离、避让车辆;老、弱、病、幼人员尽量减少外出。

(二)道路结冰橙色预警信号

标准：当路表温度低于 0℃，出现冻雨或雨雪，6 小时内可能出现道路结冰，对交通有较大影响。

预报用语：预计××（时间），××（地区）将出现冻雨（或雨、雪），易形成道路结冰，对交通有较大影响。

防御指南

1.交通、公安等部门按照职责做好道路结冰应急工作，注意指挥和疏导行驶车辆。

2.驾驶人员应采取防滑措施，安装轮胎防滑链或给轮胎适当放气，听从交警指挥，慢速行驶，不超车、加速、急转弯或紧急制动，停车时多用换挡，少制动，防止侧滑。

3.人员外出尽量乘坐公共交通工具，注意远离、避让车辆；老、弱、病、幼人员尽量避免外出，出行需有人陪同。

4.机场、高速公路可能会停航或封闭，出行前应注意查询路况与航班信息。

43

十二 道路结冰预警信号

(三)道路结冰红色预警信号

标准：当路表温度低于 0℃，出现冻雨或雨雪，2 小时内可能出现或者已经出现道路结冰，对交通有很大影响。

预报用语：预计××（时间），××（地区）将出现冻雨（或雨、雪），易形成道路结冰，对交通有很大影响。

防御指南

1. 交通、公安等部门做好道路结冰应急和抢险工作。

2. 交通、公安等部门注意指挥和疏导行驶车辆，必要时关闭结冰道路；机场和公路管理单位积极采取破冰、融冰措施。

3. 驾驶人员须采取防滑措施，安装轮胎防滑链或给轮胎适当放气，听从交警指挥，慢速行驶，不超车、加速、急转弯或紧急制动，停车时多用换挡，少制动，防止侧滑。

4. 人员尽量减少外出，必须外出时尽量乘坐公共交通工具，注意远离、避让车辆；老、弱、病、幼人员不要外出。

5. 机场、高速公路可能会停航或封闭，出行前应注意查询路况与航班信息。

十四、电线积冰预警信号

电线积冰预警信号分两级,分别以黄色、橙色表示。

(一)电线积冰黄色预警信号

标准:出现降雪、雾凇、雨凇等天气后遇低温出现电线积冰,预计未来 24 小时仍将持续。

预报用语:预计××(时间),××(地区)将出现电线积冰。

防御指南

1.电力及有关部门按照职责做好电线积冰的防御工作。

2.驾车或步行尽量避免在有积冰的电线与铁塔下停留或走动,以免冰凌砸落。

（二）电线积冰橙色预警信号

标准：出现降雪、雾凇、雨凇等天气后遇低温出现严重电线积冰，预计未来 24 小时仍将持续，可能对电网有影响。

预报用语：预计××（时间），××（地区）将出现电线积冰，可能对电网有影响。

防御指南

1. 电力及有关部门按照职责做好电线积冰的防御工作。

2. 加强对输电线路等重点设备、设施的检查和检修，确保其正常运行，加强对应急物资、装备的检查。

3. 驾车或步行尽量避免在有积冰的电线与铁塔下停留或走动，以免冰凌砸落。

十五、持续低温预警信号

持续低温预警信号分两级，分别以蓝色、黄色表示；在每年 11 月至第二年 3 月期间发布。

(一)持续低温蓝色预警信号

标准：预计未来可能出现下列条件之一或实况已达到下列条件之一并可能持续：

(1)连续三天平原地区日最低气温低于零下 10℃；

(2)连续三天平原地区日平均气温比常年同期(气候平均值)偏低 5℃及以上。

预报用语：预计××(时间)，××(地区)将出现持续低温天气，日最低气温低于零下 10℃(或日平均气温比常年同期偏低 5℃及以上)。

防御指南

1.地方各级人民政府、有关部门和单位按照职责做好防御低温准备工作。

2.农、林、养殖业做好作物、树木防冻害与牲畜防寒准备；设施农业生产企业和农户注意温室内温度的调控，防止蔬菜和花卉等经济植物遭受冻害。

3.有关部门视情况调节居民供暖，燃煤取暖用户注意防范一氧化碳中毒。

4.户外长时间作业人员应采取必要的防护措施。

5.个人外出应注意做好防寒保暖措施。

(二)持续低温黄色预警信号

标准：预计未来可能出现下列条件之一或实况已达到下列条件之一并可能持续：

(1)连续三天平原地区日最低气温低于零下12℃；

(2)连续三天平原地区日平均气温比常年同期(气候平均值)偏低7℃及以上。

预报用语：预计××(时间)，××(地区)将出现持续低温天气，日最低气温低于零下12℃(或日平均气温比常年同期偏低7℃及以上)。

防御指南

1.地方各级人民政府、有关部门和单位按照职责做好防御低温准备工作。

2.农、林、养殖业做好作物、树木防冻害与牲畜防寒准备；设施农业生产企业和农户注意温室内温度的调控，防止蔬菜和花卉等经济植物遭受冻害。

3.有关部门视情况调节居民供暖，燃煤取暖用户注意防范一氧化碳中毒。

4.户外长时间作业和活动人员应采取必要的防护措施。

5.个人外出注意戴帽子、围巾和手套，早晚期间要特别注意防寒保暖。

十六、台风预警信号

台风预警信号分四级,分别以蓝色、黄色、橙色和红色表示。

(一)台风蓝色预警信号

标准:24 小时内可能或者已经受热带气旋影响,平均风力达 6 级以上(或阵风达 8 级以上并可能持续)。

预报用语:预计××(时间),××(地区)将受热带气旋影响,平均风力达 6 级以上(或阵风达 8 级以上并可能持续)。

防御指南

1.政府及相关部门按照职责做好防台风准备工作,转移住在危房及低洼地区人员,清理排水管道并做好排涝准备,注意防范大风和泥石流等灾害。

2.采取交通管控措施,加固门窗、围板、棚架、广告牌等易被风吹动的搭建物,切断危险的室外电源。

3.停止露天集体活动和高空等户外危险作业;幼儿园和中小学采取暂避措施或视情况提前或推迟上学、放学时间。

4.关好门窗,提前收取露台、阳台上的花盆、晾晒物品等,检查电路、炉火、煤气阀等设施是否安全。

5.人员不宜外出,出行时避免使用自行车等人力交通工具;遇到大风大雨,应立即到室内躲避,尽量不要在广告牌、铁塔、大树下或近旁停留。

6.注意台风预报,不去台风可能经过的地区旅游;台风影响期间避免各类室外水上活动。

(二)台风黄色预警信号

标准:24 小时内可能或者已经受热带气旋影响,平均风力达 8 级以上(或阵风达 10 级以上并可能持续)。

预报用语:预计××(时间),××(地区)将受热带气旋影响,平均风力达 8 级以上(或阵风达 10 级以上并可能持续)。

防御指南

1.地方各级人民政府、有关部门和单位按照职责做好防台风应急准备工作,及时转移住在危房及低洼地区人员,做好排涝、清理排水管道以及防大风、暴雨、地质灾害的工作。

2.采取交通管控措施,立即加固门窗、围板、棚架、广告牌等易被风吹动的搭建物,切断危险的室外电源。

3.停止露天集体活动、高空等户外危险作业和室内大型集会,并做好人员转移工作;幼儿园和中小学必要时可停课。

4.室内关闭门窗,在窗玻璃上用胶条贴成"米"字图形,并立即收取室外与阳台上的物品;检查电路、炉火、煤气阀等设施,以保安全。

5.机动车驾驶员要关注路况,听从指挥,避开道路积水和交通阻塞区段,或及时将车开到安全处或地下停车场。

6.人员尽量避免外出。

7.行人立即到室内躲避,避免在广告牌、铁塔、大树下或近旁停留;停止一切室外水上活动。

标准：12小时内可能或者已经受热带气旋影响，平均风力达10级以上（或阵风达12级以上并可能持续）。

预报用语：预计××（时间），××（地区）将受热带气旋影响，平均风力达10级以上（或阵风达12级以上并可能持续）。

防御指南

1. 地方各级人民政府、有关部门和单位按照职责做好防台风抢险应急工作，立即转移住在危房及低洼地区人员，启动排涝、排水应急工作，加强城市供电线路巡查、监测工作，及时做好防范台风引发的次生灾害。

2. 实施交通管制，园林、建筑部门与有关单位立即强化管理和实施防台风行动，旅游部门立即并持续发布不去台风经过区域旅游的警告。

3. 停止室内外大型集会和户外作业，立即将人员转移到安全地带；幼儿园和学校停课；中心商业区及时加强防雨、防风措施，并关门停业。

4. 紧闭房屋门窗，及时在窗玻璃上用胶条贴成"米"字图形并远离窗口，以免强风席卷散物击破玻璃伤人；排查和清除室内电路、炉火、煤气阀等设施隐患，保障安全。

5. 人员车辆避免外出。

6. 驾驶人员在途中突遇台风要密切关注路况，听从指挥，慢速驾驶，立即将车开到安全区域或附近的地下停车场。

7. 行人立即到安全地带躲避，避免在广告牌、铁塔、大树下或近旁停留；立即停止一切室外水上活动。

(四)台风红色预警信号

标准:6 小时内可能或者已经受热带气旋影响,平均风力达 12 级以上(或阵风达 14 级以上并可能持续)。

预报用语:预计××(时间),××(地区)将受热带气旋影响,平均风力达 12 级以上(或阵风达 14 级以上并可能持续)。

防御指南

1. 地方各级人民政府、有关部门和单位按照职责做好防台风应急和抢险工作,立即转移危险地带人员及灾民,立即开展排涝、排水抢险工作,并随时启动由台风引发的各种次生灾害(停电、燃气泄漏、火灾等)的应急救援工作。

2. 飞机暂停起降,火车暂停营运,高速公路暂时封闭;暂时关闭景区;做好养殖业、农业防灾工作。

3. 立即停课、停业(除特殊行业外)、停止集会,船只立即停驶。

4. 紧闭房屋每个门窗,立即用胶条密封门窗,并在窗玻璃上用胶条贴成"米"字图形;彻查室内电路、炉火等设施,消除隐患;关闭煤气阀,确保房屋及建筑物安全。

5. 人员、车辆禁止外出;驾驶人员在途中突遇台风必须立刻靠边停车或迅速将车开到最近的安全区域。

6. 行人如遇到台风加上打雷,要采取防雷措施,以最快速度找安全处躲避,避免在广告牌、铁塔、电线杆、大树下或其附近停留。

7. 台风眼经过时,强风暴雨会突然转为风停雨止的短时平静状况,不要急于外出,应在安全处多待 1~2 小时,待确认台风完全过境后再外出;台风过后,应搞好环境卫生并注意食品、水的安全。